見学！日本の大企業
バンダイ

編さん／こどもくらぶ

ほるぷ出版

はじめに

　会社には、社員が数名の零細企業から、何千・何万人もの社員が働くところまで、いろいろあります。社員数や資本金（会社の基礎となる資金）が多い会社を、ふつう大企業とよんでいます。

　日本の大企業の多くは、明治維新以降に日本が近代化していく過程や、第二次世界大戦後の復興、高度経済成長の時代などに誕生しました。ところが、近年の経済危機のなか、大企業でさえ、事業規模を縮小したり、ほかの会社と合併したりするなど、業績の維持にけん命です。いっぽうで、好調に業績をのばしている大企業もあります。

　企業の業績が好調な理由のひとつは、独創的な生産や販売のくふうがあって、会社がどんなに大きくなっても、それを確実に受けついでいることです。また、業績が好調な企業は、法律を守り、消費者ばかりでなく社員のことも大切にし、環境問題への取りくみや、地域社会への貢献もしっかりしています。さらに、人やものが国境をこえていきかう今日、グローバル化への対応（世界規模の取りくみ）にも積極的です。

　このシリーズでは、日本を代表する大企業を取りあげ、その成功の背景にある生産、販売、経営のくふうなどを見ていきます。

★

　みなさんは、将来、どんな会社で働きたいですか。

　大企業というだけでは安定しているといえない時代を生きるみなさんには、このシリーズをよく読んで、大企業であってもさまざまなくふうをしていかなければ生き残っていけないことをよく理解し、将来に役立ててほしいと願います。

　この巻では、日本最大の玩具メーカーとして、さまざまなヒット商品を世の中にもたらしつづけるバンダイを、くわしく見ていきます。

目次

1 夢と感動をとどける …… 4
2 人びとの心をみたす商品をつくる …… 6
3 急成長のはじまり …… 8
4 「萬代屋」から「バンダイ」へ …… 10
5 大ヒットへの助走期間 …… 12
6 超合金シリーズの登場 …… 14
7 進化するプラモデル …… 16
8 ブームから定番へ …… 18
9 ガールズトイのうつりかわり …… 20
10 カードの可能性を広げる …… 22
11 玩具の世界観を生活のなかに …… 24
12 夢と感動を世界に向けて発信する …… 26
13 開発者たちの苦労と喜び …… 28
14 子どもたちの笑顔のために …… 30

資料編❶ 玩具ができるまで …… 33
資料編❷ バンダイホビーセンターを見てみよう！…… 36
● さくいん …… 38

1 夢と感動をとどける

バンダイは、大すきな玩具（おもちゃ）をはじめて手にするときの喜びと感動を、より多くの子どもたちや大人たちにとどけるため、社員一丸となって最高の商品づくりを進めている。キーワードは「夢」と「感動」だ。

▲「ハートそだつよ！プリモプエル」は、1999（平成11）年に発売された「おしゃべりぬいぐるみプリモプエル」の最新型。センサー（外部の変化を検出する装置）が内蔵され、だきあげることで性格が変化したり、気持ちをなごませることばを話したりする。子どもから高齢者まではば広い年齢層が楽しめる玩具として、ロングセラーとなっている。

「夢・クリエイション*1」

株式会社バンダイ*2（本書では、以降「バンダイ」）は、日本最大の玩具メーカーです。1950（昭和25）年の創業（→p6）以来、玩具をはじめとしたすぐれた商品を社会に提供しつづけてきました。企業スローガンである「夢・クリエイション ～楽しいときを創る企業～」は、1983（昭和58）年にさだめられました。このスローガンは事業に対する企業の姿勢をあらわすだけでなく、商品の企画・開発から販売・アフターサービスまでを担当する社員全員が、毎日の業務を進めるうえで意識しつづけているものです。バンダイは、人びとに夢と感動をとどけることに全力をつくしている会社です。

大ヒットを連発するひみつ

バンダイが開発・発売して社会現象となったヒット商品は数多くあります。幼児や小学生だけでなく、中高生やさらに大人の世代の人びとも、バンダイの玩具を楽しんだ経験が一度はあるでしょう。数十年前に発売され、いまだに人気がつづいている大ヒット商品には、「ガンプラシリー

▲バンダイの商品の、現在のラインアップ（一例）。左から、「TAMAGOTCHI 4U＋」「HGUC RX-78-2ガンダム」「シュリケン合体 DXシュリケンジン」「DX妖怪ウォッチU プロトタイプ」。

＊1 英語の「クリエイション」とは「創造」という意味です。
＊2 バンダイは、2005（平成17）年に旧ナムコ社と経営統合して、現在は共同持株会社「バンダイナムコホールディングス」の系列会社となっている。持株会社とは、ほかの会社の株式の全部または大部分を所有している親会社。

見学！日本の大企業 **バンダイ**

ズ」「スーパー戦隊シリーズ」「仮面ライダーシリーズ」「たまごっちシリーズ」「美少女戦士セーラームーンシリーズ」などがあります。

　このような大ヒット商品を連発するひみつのひとつは、「キャラクターマーチャンダイジング」という手法です。それは、バンダイの商品のおもな消費者である子どもたちが、テレビなどの影響を受けてもとめるキャラクター商品[*1]を、適切な価格と適切なタイミングで提供することです。1971（昭和46）年に発売した「仮面ライダー変身ベルト」を開発するときに、あるきっかけから学んだ原則（→p13）を生かし、バンダイはキャラクターマーチャンダイジングのノウハウ[*2]を蓄積してきました。いまでは、キャラクターを生かした商品展開の第一人者として、ボーイズトイやガールズトイ[*3]から、アパレル（衣料）まで、バンダイが手がける事業は広がっています。

[*1]「キャラクター」は、映画やテレビ番組などの登場人物のことで、それをもとに販売用につくられた人形などをキャラクター商品とよぶ。
[*2] 物事のやり方についての知識や技術。
[*3] 英語の「トイ」は玩具のこと。「ボーイズトイ」は男児向けの玩具、「ガールズトイ」は女児向けの玩具をさす。

広く海外へ目を向けて

　バンダイは、日本国内だけでなく海外でも通用するような商品を生みだすことを目標にし、創業当初のはやい段階から輸出をはじめました。一時は、会社全体の売上で、国内より輸出のほうが多かった時期もありました。それぞれの国の文化や好みにあったすぐれた商品をつくり、キャラ

▲現在のバンダイは、10の領域の事業を展開している。01から右回りに、「ボーイズトイ」「ガールズトイ」「幼児・定番・イノベイティブ（革新的な）トイ」「コレクターズ」「プラモデル」「玩具菓子・菓子・食品」「カプセルトイ」「カード」「アパレル」「生活用品・化粧品・雑貨」。

クターマーチャンダイジングの手法にくわえて強力な宣伝をくりひろげることによって、ときにはブーム[*4]といえるほどの大ヒットをとばしてきました。そのなかのひとつに、1990年代（平成2〜11年）に日本の「スーパー戦隊シリーズ」を海外向けにした「パワーレンジャー」（→p27）がありました。現地の俳優による実写ドラマが爆発的にヒットしたのにあわせて発売したバンダイの「パワーレンジャー」商品は、その後のシリーズも高い人気をほこっています。なお、現在バンダイはタイとフィリピンに自社工場をもち、海外展開の拡大に向けていっそうの進化をつづけています。

[*4] ある物事が、急にさかんになること。

2 人びとの心をみたす商品をつくる

戦後の混乱した社会のなかで誕生したバンダイは、世界じゅうの子どもたちが喜ぶ玩具をつくるという夢をもっていた。

浅草で創業

バンダイは、第二次世界大戦（1939～1945年）が終わって、石川県金沢市から東京に出てきた山科直治が、1950（昭和25）年7月に台東区浅草菊屋橋（当時）で創業した会社です。当時の社名は、「株式会社*萬代屋」といいました。そのころは戦争が終わってからまだ数年で、日本の社会はどこも混乱がつづいていました。そんななか山科は、玩具の製造をつうじて「世の中と子どもたちにとって、どうしても存在してほしいといわれるような企業」をめざすことで、戦後の日本社会に貢献しようと考えました。

*企業が事業の資金をえるために発行する株券を保有する人が株主。株式会社は、株主から委任を受けた経営者が事業をおこない、利益を株主に配当する企業。

▶バンダイの創業者、山科直治（1918～1997年）。

社名の由来

「萬代」は、もともと金沢で山科の妻の兄が経営する繊維会社が、社名の一部として採用していたものでした。「萬代」の由来は、中国の古い書物にあることば、「萬代不易」からきています。「萬代」とは永遠に、を意味し、「不易」とはかわらない、を意味します。つまりそれは、「いつの世でも人びとの心をみたす商品をつくり、やむこ

▼浅草で創業した当時の山科直治。

▲山科の筆による「萬代不易」の文字。

とのない企業の発展を願う」という思いをこめたものでした。

山科は東京で独立するとき、その深い意味を自分自身の目標とするために、自社の社名としました。この精神は、現在のバンダイにもしっかりと受けつがれています。

失敗した第1号商品

萬代屋の社屋は2階建てで、1階が事務所と倉庫、2階は山科家の住まいとなっていました。社員のなかには山科家に住みこみではたらく者もいました。

萬代屋が最初におこなった事業は、セルロイド*製や金属製の玩具、またゴム製の浮き輪などを仕入れて、地方の業者に販売することでした。少人数の社員が自転車とリヤカーで商品を運搬し、段ボールがなかった時代のため木箱に梱包するなど、作業のほとんどを手作業でおこないました。玩具をあつかう企業として新しく市場にくわわった萬代屋は、商品の仕入れをするにも、販売するにも苦労がつづいたといいます。

そんななか、なんとか自社製品をもちたいと願い、創業した年の9月には、オリジナル商品の第1号としてゴム製玩具の「リズムボール」を製造・販売しました。これは鈴の入ったビーチボールでしたが、ゴムの質がよくなかったため、残念ながら失敗に終わりました。

*植物原料のセルロースからつくられた合成樹脂のひとつで、半透明のプラスチックの一種。熱で燃えやすい性質があり、1955（昭和30）年にアメリカでさだめられた法律によって、セルロイド製の玩具はアメリカへ輸出できなくなった。

▲「リズムボール」発売当時の広告。「ボール界の革命児、輸出に国内に大好評」とうたいあげた。

バンダイ ミニ事典

マークのうつりかわり

バンダイは創業以来、社章やロゴマークを何度か変更してきた。それらは、そのときどきの経営姿勢や将来への展望をしめすものだった。

「バンダイ カンパニー（会社）」をあらわすBCマークの社章は、1955（昭和30）年に制定されたもので、社員のアイデアがもとになった。

1959（昭和34）年に制定された、「品質がすべてに優先する」というモットーをあらわした、通称「ばんざいマーク」。「アカバコビーシー」の文字が、赤函BC・保証玩具の高い品質をしめしていた。

昭和40年代に改良された、バンダイベビーのマーク。

1975（昭和50）年に一新されたバンダイグループのマーク。①幼児玩具産業から、子ども文化産業への業務拡大、②高品質な商品の創出、③世界じゅうへの展開などを表現するものだった。

1983（昭和58）年、グループ7社を合併し、企業スローガン「夢・クリエイション」をかかげて、ロゴマークを変更した。現在も使用されている。

3 急成長のはじまり

萬代屋の成長は、創業の翌年、創業者山科直治が目をつけた、独自の機能をもった金属玩具を製造・発売したことからはじまった。品質を大切にする商品づくりで、萬代屋は高い評判をえて、アメリカなどへの輸出が急増した。

■ オリジナル商品がヒット

　萬代屋が玩具会社として本格的に歩みだしたのは、創業の翌年、1951(昭和26)年4月に発売した金属玩具第1号の「B26」飛行機からでした。この商品は、フリクション動力[*1]で、双発(左右に2基)のプロペラが回転し走る飛行機でした。当時、フリクション動力を利用した玩具はすでにありましたが、フリクションで走りプロペラもまわるものがなかったため、めずらしさもあって人気となり売上がのびました。さらに翌年、「B26」と同じ金型[*2]を利用した「F80」をつくりました。「B26」と「F80」のふたつの金属玩具がそろったところで、それまで中心だった地方向けの販売にくわえて東京都内でも商品を販売しはじめた結果、1957(昭和32)年6月期(1〜6月まで)の売上は、前年とくらべて64%もアップ。「F80」の成功を受けて、金属玩具に力を入れるため、すでにセルロイド玩具の取りあつかいをやめることを決定していた萬代屋は、金属玩具で成長の土台をきずいていったのです。

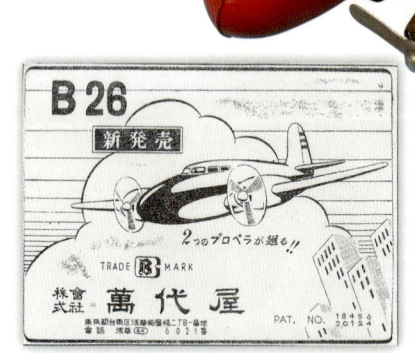

▲▶萬代屋の金属玩具第1号「B26」(上)と、そのポスター(左)。

■ 急成長と品質保証

　金属玩具「B26」などがヒットしたのと、社員が力をあわせて熱心にはたらいた結果、萬代屋は創業から5年ほどで大きな成長をとげました。創業3年目、1952(昭和27)年の売上は7700万円ほどでしたが、3年後の1955(昭和30)年には6億円を突破。社員数も15名から46名にふえ、利益はわずか4年間でおよそ11倍になりました。この成長は、いちはやく輸出を開始したことがひとつの要因(1955年ごろには輸出の比率が80%ほどになった)でしたが[*3]、さらに別の理由もありました。それは、「子どもが遊ぶ玩具だからこそ、品質や安全性が大切」という考え方のもとにおこなわれた、業界初となる品質保証制度です。

[*1] はずみ車のこと。フリクション動力の玩具は、なかに重い金属製の車がついている。玩具の車輪をまわすとまさつの力でその車もまわり、その慣性(ものが動くと、その動きを維持させようとする力)が動力となって走る。玩具のタイヤを何回かこすって、いきおいをつけてから床の上におくと、自走する。

[*2] 金属製や樹脂製の工業製品の部品をプレス(材料をおしつけてつくる)して製造するための型。製品の品質や性能に大きく影響するため、会社にとって重要な資産となる。

[*3] この当時、政府は輸出振興によって外貨(外国のお金)獲得をめざす方針を打ちだしていた。

見学！ 日本の大企業　バンダイ

▼保証玩具第1号の「1956年型トヨペットクラウン」。

れまで金属玩具はすぐにこわれるといわれていましたが、優秀な製品をながく愛用してもらいたいとの思いから保証券をつけた保証玩具は、その後、金属玩具の自動車の種類がふえるにしたがって評判をよび、新聞などにも取りあげられ、大ヒットとなりました。

保証玩具が大ヒット

萬代屋は、「リズムボール」（→p7）で失敗した経験などをもとに、1953（昭和28）年に社内に検品室をもうけ、専任の社員が「一品検査」すなわち、すべての商品を1点1点検査するようにしました。さらに、1955（昭和30）年11月に発売した全長26cmの金属模型、「1956年型トヨペットクラウン」*では、業界初の品質保証制度を導入しました。その内容は、玩具の部品が欠けていたり、故障したりしたとき、パッケージにおさめた保証券とともに萬代屋に送付すれば、2週間以内に完全修理して返却するというものです。そ

＊現在のトヨタ自動車株式会社が製造・販売した、国産の高級乗用車。

▲萬代屋の保証玩具は「赤函」（赤いパッケージ）に入れられ、「赤函のBC印保証玩具」としてほかのメーカーの商品と区別された。上は「赤函」の広告看板。

バンダイ ミニ事典

「萬代屋ビーシーニュース」

「萬代屋ビーシーニュース」は、1955（昭和30）年9月に創刊した自社ニュースペーパー（新聞）。「ビーシー（BC）」とは、「バンダイ カンパニー」のことだった。創刊号の表紙には、創業当時の2階建ての社屋と、運搬などに利用された自転車の写真が掲載されている。山科はこのなかで、未経験者として新しく玩具市場にくわわるうえで、「世界の人びとから喜ばれる、安全でじょうぶ、良心的な玩具を製造する」決意を宣言した。さらに、テレビなどを利用した宣伝・広告をおこなうこと、つかいすてではなく耐久性のある玩具を製造すること、玩具業界全体で展示会を定期的におこなうことなどの、将来の玩具業界の具体的な夢をかたり、それらの構想はのちにほとんど実現された。「萬代屋ビーシーニュース」は工場や問屋などの関連企業にも配布されて、玩具業界のなかでのオピニオンリーダー*としての役割をはたした。

＊ある集団の意思決定において、大きな影響力を持つ人や刊行物など。

▶「萬代屋ビーシーニュース」の創刊号（1955年）。

4 「萬代屋」から「バンダイ」へ

1960年代（昭和35〜44年）に入って社名をかえた「バンダイ」は、ヒット商品を次つぎと生みだした。それは、日本の製品より安価な商品が出まわることで苦戦をしいられた輸出部門にかわり、国内市場の開拓に力を入れた結果だった。

合同見本市を開催

創業以来順調に成長してきた萬代屋は、1961（昭和36）年に「株式会社バンダイ」に社名を変更しました。社名変更と同時に、経営をさらに発展させるためにいくつかのあらたな方針を実行にうつしました。そのひとつが関西出張所を開設したことであり、そして競合他社と協力して展示会を開いたことでした。

バンダイに社名を変更した年の4月に、エポック社とタカラビニール工業所（現在の、タカラトミー）という、有力な玩具メーカー2社と共同で、大阪で展示会を開きました。そのときの入場者は150名ほどでしたが、これがのちに東京や大阪で展示会や見本市を定期的に開催することに発展し、各社がこぞって新商品を発表する、玩具業界にとって重要な商品発表の場となりました。

「ハンドルリモコン*自動車」が大ヒット

1963（昭和38）年に発売したものに、「ハンドルリモコン自動車」があります。リモコン形式の自動車玩具はすでに他社から発売されていましたが、本体とリモコンをつなぐ長いコードがしばしば故障の原因となっていました。バンダイが発売した「ハンドルリモコン自動車」は、その点を改良し、テレビやポスター、さらには『バンダイのハンドルリモコンの生まれるまで（原文のまま）』というカラースライドをつくるなどして宣伝につと

▲大ヒットした「ハンドルリモコン自動車」。

▶鉄腕アトムの歩行ロボット。「バンダイミュージアム」（→p32）に所蔵。

*「リモコン」とは、有線もしくは無線ではなれた場所から機械などを操作すること、またはその信号を発信する機器。

めた結果、大ヒットしました。

さらに1963（昭和38）年12月には、当時テレビ初のアニメーションとして人気の高かった鉄腕アトムの人形や歩行ロボットも発売しました。バンダイにとって初のテレビキャラクター商品となったアトムのロボットも、売上アップに大きく貢献しました。

あいつぐベストセラー

このころ、アジアのほかの国ぐにが安価な玩具を輸出するようになると、輸出部門の成長のどあいがにぶくなってきたため、バンダイはそれまでの金属玩具中心の製造から、プラスチック玩具部門の拡大にも力を入れはじめました。そして、1960年代なかば（昭和40年前後）に発売した新商品にはベストセラーとなるものがあいつぎました。

● モデルカーレーシングセット

室内用モデルカーレーシングセットは、イギリスからはじまり、その後アメリカで爆発的にヒットしていた。日本でブームとなったのは1965（昭和40）年のこと。モデルカーレーシングは家庭用のセットだけでなく、街なかにつくられた屋内レース場で、大人たちも子どもたちもレースに熱狂した。

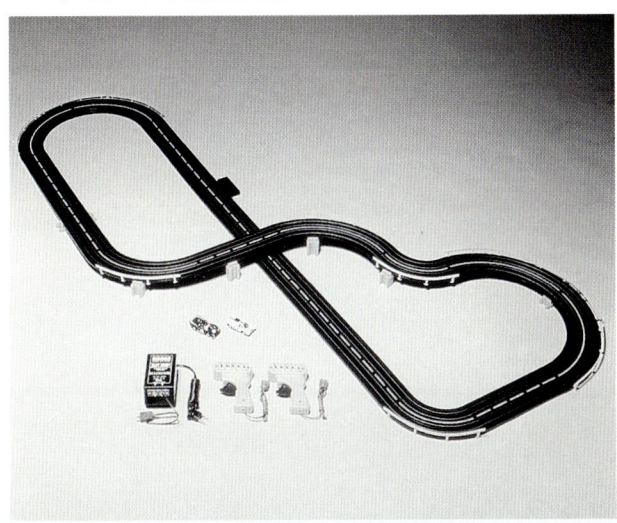

▲バンダイのレーシングカーセット。手前にあるスロットルレバーでスピードを調節する。

● 「クレイジーフォーム」

レーシングカーセットの成功につづくヒット商品が「クレイジーフォーム」。アメリカで年間2500万本も売れたベストセラー商品で、日本における製造・販売の許可をえて、1966（昭和41）年7月に発売。「クレイジーフォーム」は、スプレーから出てくる化粧せっけんのあわを、動物などの形にして風呂で遊べるものだった。さまざまなキャラクターや動物などがスプレー缶にデザインされ、目や口に入っても無害で安全という特長も生きて、年間20～50万個売れればベストセラーとされた玩具のなかで、その年の夏の3か月間で240万本も売れるという大ヒットとなった。

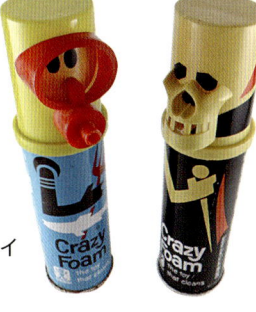

▶スプレー缶に入った「クレイジーフォーム」。

● 水中モーターと「わんぱくフリッパー*」

1968（昭和43）年に発売した水中玩具「わんぱくフリッパー」は、その数年前に開発された水中モーター（水中で動くモーター）をつかった商品のひとつ。バンダイでは、すでに「ポンポンマミー」など、水中モーターを利用したヒット商品を出していたが、新発明となったイルカ型玩具のしくみは、イルカのからだのなかにおさめた水中モーターで、尾びれを動かして水中をおよぎ、潮をふきあげるものだった。かわいらしいデザインとユーモラスな動きのイルカは、テレビの人気番組になぞらえて「わんぱくフリッパー」と命名され大ヒット。日本国内だけでなく、ニューヨーク国際発明新製品展で金賞を受賞するなど、海外でも高い評価を受けた。

*「フリッパー」は、1960年代にアメリカでつくられ、日本でも放映されたテレビドラマシリーズ。少年とイルカの交流がえがかれて、人気となった。

▼大人気となった「わんぱくフリッパー」とそのシリーズ。

5 大ヒットへの助走期間

創業後の10年間は、新商品の開発と発売は順調だったが、資金を調達することや、工場の移転など、試練も多くあった。そんななかでキャラクター商品をおもに取りあつかう子会社を設立し、そこから大ヒット商品が登場した。

本社建築とその後の試練

1963（昭和38）年12月、創業から順調に業務を拡大してきたバンダイは、東京都台東区駒形2丁目に移転し、地上4階建ての本社を新築しました。その後数年間、取り引き先との関係や資金調達でさまざまな問題が発生し、あやうく倒産の危機にあったこともありましたが、社員の懸命な努力と、高い品質の玩具を消費者にとどけたいとのつよい思いでそれらを乗りきり、大ヒット商品を連発する次の時代にむすびつけました。なお現在は、2004（平成16）年に建てられた台東区駒形1丁目の本社ビルで業務をおこなっています。

▲1963（昭和38）年に完成した本社ビル（左）と、現在の本社ビル（右）。現在のビルは、上から見るとバンダイの頭文字「B」の形になっているという。

ンダイなどが進出した当時は一面の原野でした。そのため、生活するのに不便な点が多く、バンダイの専属工場であったビーシー工業（のちの、バンダイ工業）の社員などからも、移転にとまどう声があがったといいます。しかし、道路に看板を設置するなど、さまざまな方法でイメージアップにつとめた結果、メディア*で「おもちゃのまち」が取りあげられるようになり、それをきっかけに、多くの玩具メーカーが進出しました。

＊新聞、テレビ、ラジオなどの、情報伝達媒体。

おもちゃのまちへ工場を移転

バンダイは、創業後いくつかのヒット商品にめぐまれ、売上をのばしていました。そのころ輸出玩具メーカーの組合では、東京都の墨田区や葛飾区に多かった工場を、台風や地震がきても浸水の心配がなく、広い敷地をもてる郊外に移転させる計画が出ていました。移転先に決定した栃木県下都賀郡壬生町は、以前飛行場だった土地が工場をまねくための敷地に造成されました。現在、壬生町のおもちゃのまち駅がある一帯では玩具メーカーを中心に多くの工場が稼働していますが、バ

▶現在、おもちゃのまちにはバンダイミュージアム（→p32）がもうけられており、多くの人がおとずれている。

見学！ 日本の大企業 **バンダイ**

▲ポピーの「ウルトラマン」ソフビシリーズ（1970年代以降のもの）。

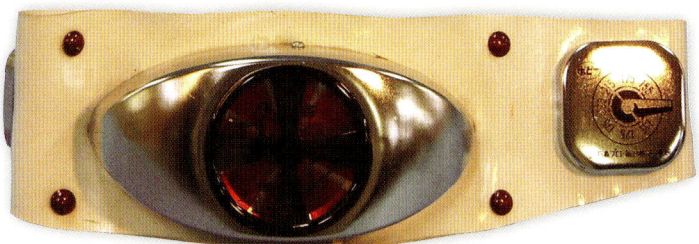
▲「仮面ライダー変身ベルト」（下）と、パッケージ（上）。

10番目の子会社[*1]、ポピーが設立

1971（昭和46）年の段階で、バンダイグループは子会社を9社かかえ、年間の総売上は約75億円、社員数は全体で500名以上になっていました。そこで大きくなった組織に刺激をあたえるために、あらたに10番目の子会社をつくることになり、株式会社ポピー（本書では以降「ポピー」）が設立されました（その後、1983年にバンダイに合併）。ポピーは、小回りのきいた商品企画を進めることが期待されました。

そのころ、まんがなどを原作とした、テレビの人気子ども向け番組に関連したキャラクター商品が、玩具市場をにぎわせていました。そのなかには「アタックNo.1」「巨人の星」などのスポーツものや、「ウルトラマン」シリーズなどの特撮[*2]ものなどがありました。同じ年には、変身ヒーローものの「仮面ライダー」がはじまりました。その「仮面ライダー」の商品が大ヒットして、スタートしたばかりのポピーをささえました。

変身ベルトを発売

「仮面ライダー」の変身ベルトは、番組のなかで主人公が腰につけ、仮面ライダーに変身するときにつかうものです。すでに他社から類似商品が発売されていましたが、ポピーはそれにすぐれたくふうをくわえることで、大ヒットをみちびきだしました。

あるときポピーの社員が他社の「仮面ライダー」変身ベルトをおさない子どもに買いあたえたところ、その子どもが「これはテレビに出てくるものとはちがう」といったといいます。ベルト中央のタイフーン（風車）が光ってまわることで変身するのに、そのベルトはまわらなかったのです。それをヒントに、ポピーではさっそく本物に近い機能の商品を製作し、「仮面ライダー変身ベルト」としてあらたに発売しました。価格は他社のベルトの2倍以上に設定しましたが、番組の放映中に380万個を発売するという、大ヒット商品となりました。バンダイはこの経験をつうじて、「子どもはテレビに出てくるものと同じものをほしがる」という大切な原則を学び、その原則を反映させた数かずのボーイズトイやガールズトイが、現在まで高い人気をほこっています。

[*1] 親会社から直接に管理され、経営上は一体となっている会社。
[*2] 特殊撮影の略語。映画やテレビで、ミニチュアやスローモーション、コンピューター処理などの技術をつかって、現実にはないシーンをつくりだすこと。

6 超合金シリーズの登場

バンダイの子会社であるポピーは、スーパーロボットシリーズ「マジンガーZ」をかわきりに、テレビ番組のキャラクター商品で大ヒットを連発した。そのなかから、現在にまでつづく「超合金」*1 のブームを生みだした。

「マジンガーZ」からはじまった

ポピーが最初のヒット商品である「仮面ライダー変身ベルト」の次に大ヒットをとばしたのは、1973（昭和48）年に発売したビッグフィギュア*2「ジャンボマシンダー・マジンガーZ」（本書では以降「ジャンボマシンダー」）でした。

「マジンガーZ」は永井豪氏が原作のまんがで、主人公が巨大ロボットに乗りこみ悪とたたかうという、その後の人気シリーズの元祖となりました。「ジャンボマシンダー」は、全長が60cmというビッグサイズで、手足や首が動かせ、原作と同じように頭部に操縦席をもうけるなど、子どもたちがアニメの世界に入りこんで遊べるようなギミック（しかけ）がいくつもありました。

「ジャンボマシンダー」は発売年から2年連続で国際見本市おもちゃコンクールの第1位を獲得し、テレビによる強力な宣伝の効果もあって、生産がまにあわないほど注文が殺到。発売初年度の12月までに約40万個が売れるほどの大ヒット

◀ 1973（昭和48）年に発売された「ジャンボマシンダー・マジンガーZ」。

▶ 1974（昭和49）年発売の「超合金マジンガーZ」。パッケージには「ロケットパンチ」が飛びだすようすがえがかれている。

を記録しました。また1976（昭和51）年にアメリカに輸出され、翌年には現地で100万個も売れるほどのベストセラーになりました。

超合金シリーズ

「ジャンボマシンダー」から半年後、ポピーは超合金シリーズを発売しました。原作の「マジンガーZ」は「超合金Z」とよばれる、架空の非常にかたい金属でできているとされ、その質感を子どもたちに味わってもらいたいとの思いで開発されたものでした。「超合金マジンガーZ」が発売された当時、熱烈なアニメファンである男児たちは、重い手ざわりと精巧な動きに夢中になったといいます。「超合金マジンガーZ」の大きさは12cmと、「ジャンボマシンダー」にくらべればミニサイズでしたが、ずっしりとした金属の質感や、ロケットパンチ発射のギミックなどが原作のイメージとぴったりとあって、大ブームをまきおこしました。「超合金マジンガーZ」の販売数

*1「超合金」とは、ダイキャスト（亜鉛合金）をふくむさまざまな素材を使用した玩具のシリーズ名。

*2「フィギュア」は、もともと像や人形という意味。ここでは、アニメやゲームのキャラクターなどをかたどったものをさす。

見学！日本の大企業　**バンダイ**

は、発売初年度に約50万個と、「ジャンボマシンダー」をうわまわりました。

変形・合体ロボットの登場

「勇者ライディーン」は、1975（昭和50）年4月から1年間テレビ放送された、「変形」もののロボットアニメでした。「ジャンボマシンダー」「超合金マジンガーZ」とたてつづけにヒットをとばしたポピーが、それらをこえるものをつくろうと議論をかさねた結果として、超合金初の変形ロボット「DX超合金 勇者ライディーン」を発売しました。色づかいがあざやかな「勇者ライディーン」は、「変形」できるという特長で人気となりました。

さらに翌1976（昭和51）年には、5体のマシンが「合体」して1体の巨大ロボットになる、合体ロボット「超合金 コン・バトラーV」を発売。「変形・合体」の特長はさらに強調され、その後この系統のロボットは現在まで進化をつづけています。

▶「超合金 コン・バトラーV」は、バトルジェットやバトルタンクなどの乗り物が合体してロボットになる、その後の合体ロボットの元祖となった。

▼1975（昭和50）年発売の「DX超合金 勇者ライディーン」。

バンダイ ミニ事典

大人向けの超合金

1970年代（昭和50年前後）に大ブームとなった超合金ロボットシリーズは、1980年代以降、テレビゲームなどほかの玩具類におされて、人気にかげりが出てきた。そんななか、子どものころに超合金で遊んだ世代のバンダイの社員が、金属の質感やしかけの精巧さをいっそう高めた本物志向の、新しい超合金を企画した。1997（平成9）年発売の「超合金魂 マジンガーZ」は、15歳以上を対象としたが、大人のファンたちにも受けいれられ、当時10万個を販売するヒット商品となった。この商品をきっかけに大人向けのコレクターズ*フィギュアの市場が拡大していった。

＊「コレクターズ」とは、収集家のための、という意味。

▶ 2012（平成24）年12月に発売した、最新鋭の「DX超合金魂 マジンガーZ」は全長が約30cmあり、目や胸が光り、音声もリアルに出る。

15

7 進化するプラモデル

「ガンプラ」は、日本のプラモデル市場で最大のヒットを記録した、バンダイの代表的な商品。登場してから35年以上たったいまでも進化をつづけている背景には、世代をこえたファンの声に耳をかたむけるバンダイのスタッフがいた。

期待にこたえる

「機動戦士ガンダム」は、1979(昭和54)年にはじまったテレビアニメで、宇宙を舞台に人間の戦士がモビルスーツ*や宇宙船に乗ってたたかうストーリーが、子どもや若者に大人気となりました。1981～1982(昭和56～57)年には劇場版もつくられ、大勢の観客がおしよせました。テレビ放映中に「ガンダム」の玩具は他社から発売されましたが、高品質な商品をつくるバンダイに期待して、作品の熱心なファンから「ぜひプラモデルにしてほしい」という手紙がとどいたといいます。バンダイはそれにこたえて開発を進めますが、モビルスーツの設計図は前面と側面の2枚の平面図しかなく、立体化にはたいへんな困難がありました。しかし開発担当者たちは原作のイメージに近いモビルスーツの再現にこだわり、1/144のスケール、すなわち本物の144分の1の大きさであることをしめして、本物らしさをアピールしました。こうして、1980(昭和55)年7月、初代の「ガンダム プラモデル」(ガンプラ)が発売されました。

*作品に登場するロボットは、兵器のひとつとしてこうよばれた。

進化する「ガンプラ」

初代ガンプラ「1/144ガンダム」が発売されると、大人も子どもたちも模型店に殺到し、翌

▶初代ガンプラ「1/144ガンダム」は、接着剤をつかって組みたて、塗装が必要なものだった。全長は約13cm(写真は塗装ずみのもの)。

1981(昭和56)年の販売数は累計2500万個に達するほど、一大ブームとなりました。その後1983(昭和58)年には多色成形技術(→p37)が取りいれられ、塗装ずみの商品でより原作のイメージに近い完成品ができるようになりました。さらに1987(昭和62)年には、接着剤をつかわずに組みたてられる「スナップフィット式」を本格的に導入し、1995(平成7)年には内部構造まで再現した100分の1スケールの「MG(マスターグレード)」シリーズを発売するなど、進化はつづきました。さらに、発売から30周年になる2010(平成22)年には144分の1スケールの「RG(リアルグレード)」シリーズを発表しました。これは、「リアル」(本物)の名のとおりに、細かい内部構造や、本物のモビルスーツがあったらどういうものかなどにこだわって開発されたものでした。「ガンプラ」の進化は、開発にたずさわるスタッフが、ファンの希望に最大限こたえようと努力してきた、バンダイの歴史そのものです。

見学！日本の大企業 **バンダイ**

● 「ガンプラ」進化の歴史

▲1990（平成2）年のガンプラ10周年を記念した「HG（ハイグレード）」シリーズ。色再現・関節機構の最新技術を駆使した。

▲1995（平成7）年の、発売15周年を記念した「MG」シリーズ。究極をめざして進化させたもので、「ガンプラ」のターニングポイント（転換点）となった。全長は約18cm。

▲2010（平成22）年の発売30周年を記念した「RG」シリーズ。全長約13cmと手のひらサイズだが、リアルなモビルスーツを追求した。

世界に広がる「ガンプラ」

「ガンプラ」は、日本のプラモデル史上最大のヒットになり、それによってバンダイは模型業界でトップになりました。各シリーズは日本だけでなく海外でも熱烈に受けいれられ、その販売数は2015（平成27）年3月までに世界で合計4億4500万個を記録するロングセラーとなっています。とくに人気が高いのはアジア地域で、もともと日本のアニメが浸透していた台湾や韓国などでは、日本とかわらない感覚で受けいれられています。ガンプラのユニークなものには、1987（昭和62）年に日本で発売された「SDガンダム＊BB戦士」シリーズをもとにして、古代中国の武将たちをえがいた小説『三国志演義』の世界観を取りいれた「BB戦士三国伝」シリーズがあります。これはとくにアジアの市場で人気となりました。

◀「BB戦士三国伝」のキャラクターのひとつ。

＊「SDガンダム」とは、ガンダムシリーズに登場したモビルスーツなどを、低等身で表現したシリーズ。SDは、「スーパーデフォルメ」の頭文字。「デフォルメ」とは、形を変形させること。

バンダイ ミニ事典

バンダイホビーセンターのスタッフたち

「ガンプラ」をはじめとしたバンダイの国産プラモデルは、静岡県静岡市にある「バンダイホビーセンター」（→p36）で生産されている。日本国内で販売するプラモデルでも海外で生産しているメーカーが多いなかで、バンダイのプラモデル事業は日本製の品質にこだわっている。そこには、プラモデルづくりの最新の技術と、熟練のわざが集結している。スタッフはみな、プラモデルの楽しさとおもしろさをさらに進化させたいという情熱をもって、新しい商品づくりに取りくんでいる。

▶「バンダイホビーセンター」のスタッフは、背中に「匠」の文字のある、ガンダムカラーの制服を着ている。

8 ブームから定番へ

バンダイには、大ブームとなった商品が数多くある。「キンケシ」*をヒットさせた「ガシャポン」もそのひとつ。「ガシャポン」は社会現象となるほどのブームとなり、いまでも進化をつづけている。

▶導入当時の「ガシャポン」自販機で、商品を購入するようす。

カプセル自販機が登場

　自動販売機（自販機）のハンドルをガシャッとまわすと、カプセルがポンッと飛びだすカプセルトイは、1900年代前半にアメリカで発明され、日本では1970年代（昭和45年～）から普及しはじめました。それ以来、何が出てくるかわからないドキドキ感と、商品を集めて楽しむコレクション性が受けて、安定した人気をたもっています。1977（昭和52）年に、バンダイは自社のカプセル自販機に「ガシャポン」というブランド名をつけ、市場に参入しました。

　バンダイがカプセル自販機をはじめたころ、玩具が入ったカプセルの価格は20円が主流でした。バンダイはそこにあえて100円機を投入し、子どもたちには100円以上の価値を感じてもらえるように玩具の品質を高めました。さらに、さまざまなシリーズの玩具を準備し、何回か購入すればシリーズのキャラクターがそろえられるようにして、コレクション性も高めた結果、大人気となりました。

キンケシブーム

　「ガシャポン」の人気を一気に高めたものに、「キン肉マン」のキャラクター商品、通称「キンケシ」がありました。

　「キン肉マン」は1979（昭和54）年に発表された、ゆでたまご氏が原作のプロレスを舞台にした格闘まんがで、超人のキン肉マンが次つぎに強敵とたたかうすがたがえがかれています。まんがの主人公であるキン肉マンのほか、ラーメンマンなどさまざまなキャラクターをモデルにつくられたのが、「キンケシ」でした。1983（昭和58）年に商品化された「キンケシ」は、原作のキャラクターの身長を4頭身ほどにちぢめた形（約4cm）と、100円で2体買える手がるさが子どもたちに受けいれ

＊キン肉マン消しゴムとよばれる、キャラクターのフィギュア。材質は消しゴムのようだが、消しゴムとしてはつかえない。

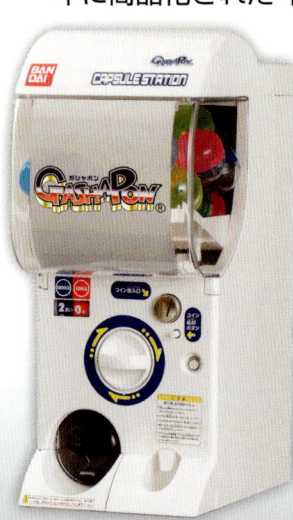

▶昔の「ガシャポン」自販機（左の4台）と、現在のもの（右の1台）。

見学！日本の大企業 バンダイ

▲「キンケシ」のさまざまなキャラクター。

▲筒型のカプセルには、これまでの丸いカプセルに入らなかった、さまざまなタイプの商品が入るようになった。

られて、さまざまなキャラクターを集めることが大ブームとなりました。バンダイはキャラクター数200以上の「キンケシ」を発売し、1983～1987年（昭和58～62年）の4年間の販売数は、約1億8000万個に達したといわれます。その後2000年代（平成12年～）に入って復刻版が発売されるとまたブームがおきるなど、人気はいまもつづいています。

「ガシャポン」の進化

「キンケシ」などのキャラクター商品だけでなく、「ガシャポン」そのものもどんどん進化し、カプセル自販機の分野では、数量も売上も、ずっとトップシェア*をつづけています。

2014（平成26）年3月には、カプセル自販機史上はじめての筒型カプセル自販機、「ガシャポンカン」を稼働させました。カプセル自販機で販売するカプセルは、それまで直径50～75mmの球型が一般的でしたが、「ガシャポンカン」では直径約62mm、長さ103mmの筒形カプセルを取りあつかえるようになりました。これによって、この年の「スーパー戦隊シリーズ」である「烈車戦隊トッキュウジャー」のカプセル玩具などの細長い商品を、カプセル自販機で販売できるようになりました。

さらにバンダイは、これまでカプセル玩具にふれることのなかった層のファンを取りこむような企画を開発し、2014（平成26）年には、かわいいものが好きな大人の女性を「オトナ女子」とよび、あらたな市場の開拓をはじめました。大人の女性に人気の「美少女戦士セーラームーン」の変身アイテムや、かみかざりをはじめとした衣料雑貨などをどんどん投入し、商品数は1年間で「ガシャポン」全体の2割をしめるようになりました。バンダイはいまも、さまざまな需要に対応できるような、バラエティにとんだ商品展開をめざしています。

▼「オトナ女子」向け商品のひとつ、「美少女戦士セーラームーン デスクに舞い降りた戦士たち」。

*「シェア」とは、ある商品の販売やサービスが、一定の地域や期間内でどれくらいの割合をしめているかをしめす率。

9 ガールズトイのうつりかわり

長い準備期間ののちに、1990年代（平成2年〜）以降、バンダイはガールズトイで大ヒットを連発した。テレビアニメと連動したキャラクター商品にくわえ、現在まで人気がつづくような、国民的な大ヒット商品も生まれた。

強力なライバルの存在

　バンダイは創業以来、ボーイズトイが好調だったのにくらべて、ガールズトイではそれほど大きなヒットはありませんでした。それは、男児より女児のほうが好むとされる、ごっこ遊びでつかわれるぬいぐるみや人形に、強力なライバルがいたことも理由のひとつでした。なかでも1967（昭和42）年に他社から発売された着せかえ人形は、1970年代から80年代にかけて（昭和45〜平成元年）高い人気をほこり、バンダイのガールズトイ部門にとって大きなかべとなっていました。そのあいだ、キャラクター商品をおもにあつかっていたポピー（→p13）では、女児向けの人気まんが「キャンディ♡キャンディ」を題材としたいくつかの商品などを発売し、それぞれヒットしていましたが、次の大きな波をおこせるような新しいキャラクターが待ちのぞまれていました。

▼発売当時の「美少女戦士セーラームーン」のフィギュア。

▶「美少女戦士セーラームーン」のアイテムのひとつ「キューティムーンロッド」。

「美少女戦士セーラームーン」の大ブーム

　ボーイズトイのバンダイ、というイメージをくつがえすきっかけとなったのは、1992（平成4）年に登場した、「美少女戦士セーラームーン」でした。「美少女戦士セーラームーン」は、武内直子氏が原作で、普通の少女が変身して悪者とたたかうという、少女変身ものストーリーアニメの元祖となったものです。まんがとアニメが3〜6歳くらいの女児を中心に大人気となり、バンダイもフィギュア（→p14）や、主人公が変身するのにつかう「ムーンスティック」など、さまざまなキャラクター商品を発売し、そのすべてが大ヒットを記録しました。

「おジャ魔女どれみ」から「プリキュア」へ

　テレビアニメの放映中ずっと人気がつづいていた「美少女戦士セーラームーン」の後、バンダイが手がけたのは、東映アニメーション制作のオリジナル魔法少女アニメ作品、「おジャ魔女どれみ」

見学！日本の大企業 バンダイ

◀「おジャ魔女どれみ」に登場する、魔法のつえ状の楽器「ペペルトポロン」。

▲「ガシャポン」(→p18)商品の、「プリキュア」のフィギュア。

でした。1999（平成11）年にスタートしたこの作品は、従来から女児たちに人気があった魔女ものでしたが、友情や愛情をテーマとした心あたたまるストーリーづくりで、4年間にわたり女児たちの人気を獲得し、フィギュアをはじめとしたキャラクター商品も大人気となりました。

そして2004（平成16）年になると、それまでヒットした女児向けのキャラクターを研究した結果の作品として、アニメ「プリキュア」が誕生します。"かわいいけれど、つよい"女の子が主人公であるこのアニメ作品は、「美少女戦士セーラームーン」以来の大ヒットとなり、1年ごとにテーマやデザインがかわるシリーズは、2015（平成27）年現在、10年以上つづいています。それにあわせて、バンダイのキャラクター商品も大ヒットをつづけています。

「たまごっち」を発売

1996（平成8）年11月に発売した玩具で、小さい子どもから大人まできまきこんで社会現象となるほどの大ヒットとなった商品が「たまごっち」でした。「たまごっち」は、携帯型育成ゲームという、これまでにない新しいタイプの商品でした。画面に登場する「たまごっち」にごはんをあたえたり、うんちの掃除をしたりして、本物のペットを世話するような感覚で「たまごっち」を育てていくという、画期的な玩具です。初代の「たまごっち」は、国内と海外で計4000万個も販売され、あまりの人気で生産がおいつかず、一時は品切れになるほどでした。「たまごっち」はその後、赤外線通信機能がついたり、携帯電話やパソコンとつながったりするなど、現在も進化をつづけています(→p29)。

▼初代の「たまごっち」。

▲「プリキュア」たちがつかうアイテムのひとつ「プリンセスパフューム」。

21

10 カードの可能性を広げる

昔から子どもたちのあいだでは、スポーツのヒーローやまんがの主人公などの、さまざまなキャラクターのカードを集め、友だちと交換して遊ぶことが人気だった。バンダイはこのカード遊びを、コレクションだけではなくゲームにもつかえるものへと進化させて、新しい遊びの方法を確立した。

自販機の「カードダス」*1

バンダイは1988（昭和63）年に、「ガシャポン」（→p18）と同じように自販機を利用したカードの販売をはじめました。じつはそれまで、食玩*2のおまけについているカードはあっても、自販機を利用してカードだけを販売する例はほとんどありませんでした。「カードダス」と名づけられた自販機で、「聖闘士星矢」*3や「SDガンダム」（→p17）などのまんがやアニメと連携した、キャラクターのトレーディングカード*4を販売しました。自販機からカードが出てくるときのワクワク感にくわえ、1回20円という子どもにも手ごろな価格が受けいれられて、大ヒット。駄菓子屋やスーパーマーケットの前に設置された「カードダス」に、子どもたちが列をつくってならんだといいます。玩具市場に新しい分野を確立した「カードダス」は、台湾、香港などをはじめとしたアジアや、ヨーロッパ、アメリカなどにも輸出され、またたくまに世界じゅうにファンが広がりました。2012（平成24）年には、「カードダス」で販売したカードの累計枚数が100億枚を突破しました。

ドラゴンボールカードの新しいこころみ

「ドラゴンボール」は、鳥山明氏が原作で、中国の有名な小説『西遊記』からヒントをえた、世界じゅうにファンをもつ大人気の空想冒険まんがです。新しいキャラクター情報を発信しつづける「カードダス」では、毎月新シリーズを発表するようにしていましたが、1シリーズに42種類以上のキャラクターが必要とされる点で、個性的なキャラクターが数多く登場する「ドラゴンボール」は最適の作品でした。「カードダス」自販機のスタートと同じ年に発売された「ドラゴンボー

*1 この当時話題になっていた地球気象観測システムになぞらえて命名された。
*2 食品玩具の略称。玩具をおまけにつけた食品のこと。
*3 車田正美氏が原作の、神話と星座をむすびつけた冒険まんが。
*4 1枚ごとにことなる種類の絵柄のカードで、交換（トレード）や収集（コレクション）を意図して販売される、観賞用またはゲーム用のカード。

▲初代のカードダス自販機「カードダス20」（1988年）。

▼カードダス「ドラゴンボール」シリーズのカード。

◀「ジャーン拳グーッ!!」

見学！ 日本の大企業 バンダイ

ル」のカードは、それまでの常識をくつがえすあらたなこころみがおこなわれていました。

当初、「カードダス」に採用するキャラクターは、テレビアニメが放送されてから商品化することが通常の流れとされていました。しかしバンダイは、子どもたちに最新の情報をとどけるため、まんが誌に掲載された後、テレビ放送がはじまる前にカードを発売することを考えたのです。そのために「ドラゴンボール」を商品化する権利をはやい段階で獲得し、かぎられた時間で作業をおこないました。その結果、まんが誌で見た白黒のキャラクターの色を、子どもたちは「カードダス」ではじめて知ることもあったのです。「カードダス」の評判は、これで一気にあがりました。

「カードダス」の新しい展開

2000年代（平成12年〜）に入ると、バンダイは「カードダス」をさらに進化させた新型マシンを次つぎと稼働させ、カードをつかった遊びの内容は、単なるコレクションからゲームへと大きく変化しました。このころカードは1枚100円になっていましたが、マシンからカードを購入するという基本はかわることなく、ゲームができる機能が追加されたのです。さらにそのカードをつかってパソコンやスマートフォンで遊ぶことができるようにもなりました。登場するキャラクターもアニメの主人公だけでなく、アイドル歌手やスポーツ選手など、あらゆる分野に広がっています。

● 「データカードダス」

カードのデジタルデータ*1を読みこんで遊ぶ「データカードダス」。バーコード*2を「データカードダス」のマシンに読みこませると、キャラクターが画面に登場す

*1 コンピューターで処理する、映像、音、数値などの情報のこと。
*2 数字、文字、記号などを、太さのちがう線を組みあわせたしま模様のコードに変換して、機械で読みとれるようにした符合。

る。カードとゲームマシンが合体した新しい遊び方ができるようになった「データカードダス」は、2005（平成17）年のスタート以来、カードの累計出荷枚数が10億枚を突破。「仮面ライダー」や「プリキュア」など、バンダイの定番キャラクターにくわえて、ゲームをつうじてアイドル歌手の世界を体験できる国民的アイドルオーディションゲーム「アイカツ！」など、さまざまな内容がゲームとなっている。

▲2012（平成24）年に稼働した「アイカツ！」の「データカードダス」本体マシン。

◀「データカードダス」で遊ぶ「アイカツ！」のカード。

● 「ネットカードダス」

ひとりでも、どこでもカードゲームを楽しみたいという要望にこたえ、インターネットと連動する「ネットカードダス」が2008（平成20）年に稼働した。プロ野球やサッカーの人気選手が活躍するゲームにくわえ、2013（平成25）年には「仮面ライダーシリーズ」などの商品も発売し、子どもから大人まで、あらゆる顧客を対象とした商品展開が進んでいる。

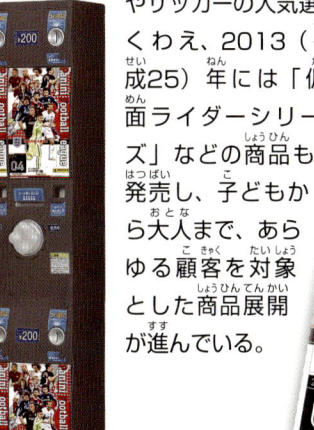
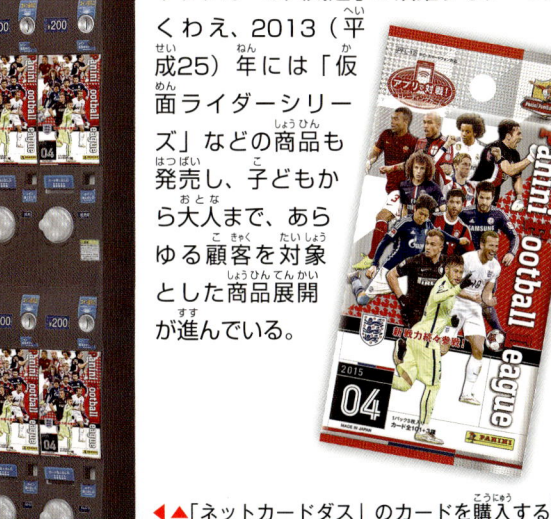

◀▲「ネットカードダス」のカードを購入する本体マシン（左）と、「ネットカードダス パニーニフットボールリーグ」のパッケージ（上）。

11 玩具の世界観を生活のなかに

バンダイでは、玩具の楽しさを生活のさまざまな面に拡大し、その分野は、菓子・食品から、アパレル（衣料）、生活用品へと広がっている。どの分野でも、高品質の商品をとどけようとする姿勢はかわらない。

食玩からはじまった食品部門

バンダイは1980年代（昭和55年～）から食玩（→p22）の分野に進出し、それ以降、豊富なキャラクターとむすびつけたもちまえの商品展開を「フードエンターテインメントビジネス」＊と名づけ、ユニークで楽しいさまざまな玩具つき菓子やキャラクター菓子を提供しています。

1996（平成8）年に発売されてからすでに2億9600万個以上を売りあげた「ポケモンキッズ」のシリーズをはじめ、「スーパー戦隊シリーズ」や「仮面ライダーシリーズ」、さらに「プリキュアシリーズ」「ワンピースシリーズ」など、たくさんのキャラクターをつかった商品を菓子売り場で展開しています。

＊バンダイでは、「食品の楽しさを提供する事業」という意味でつかっている。

▲バンダイの代表的なキャラクター菓子、「仮面ライダーグミ」（左）と、「妖怪ウォッチ ジバニャンのチョコボー」（右）。

▲くらい所で光るため、子どもが自主的にパジャマに着がえて、寝室へいくことなどをねらった「光るパジャマ」。

くらくなると光る

バンダイらしいアパレル

バンダイは1983（昭和58）年より、「頭のてっぺんからつま先まで」をテーマにアパレル事業をはじめ、キャラクター衣料の販売を開始しました。質のよい衣料品を提供するだけでなく、バンダイらしい遊びの要素を取りいれる、というものです。その代表的な商品が、キャラクターになりきれる「変身シリーズ」で、パジャマや肌着などへ拡大していきました。

その後、バンダイのアパレルにおける遊びの要素はさらに進化しています。2013（平成25）年には、スマートフォンで商品を撮

▶Tシャツ「NEXTPETS!」を着てスマートフォンで写真をとると、キャラクターといっしょの画像が画面にあらわれる。

影するとキャラクターがあらわれるしくみを利用して、キャラクターとならんだ写真がのこせるTシャツ「NEXTPETS!」を発売しました。

夢を形にするオリジナルブランド

バンダイはアパレル事業のひとつの形として、独自のブランドを販売するショップ（店舗）を日本各地で展開しています。

2003（平成15）年3月からは「それいけ！アンパンマン」のアパレルを販売する「アンパンマンキッズコレクション」を全国17か所で、また2012（平成24）年4月からは「機動戦士ガンダム」の世界観を表現するメンズ（男性向け）アパレルショップの「STRICT-G」を2か所で、さらに、小学生の女子に人気の「アイカツ！」の衣料や雑貨をあつかう「アイカツ！スタイル」を、2013（平成25）年3月から2か所で展開しています。商品の企画から売場づくり、顧客サービスまでを一貫しておこなうそれぞれの店舗は、子どもや大人がもつ夢を実現してくれる場所として、評判をよんでいます。

▲2012（平成24）年4月に東京・お台場に開店した、「STRICT-G お台場ガンダムフロント東京店」。

生活用品に取りくむ

玩具以外の流通*をつかって、新しい分野を開拓したいという思いから、1980年代後半（昭和～平成）から生活用品の事業がはじまりました。

*ある商品が消費者へわたるまでの輸送・保管・販売過程のこと。

▶ヒット商品となった「アンパンマンシャンプー」第1号。

商品の方向性について検討した結果、最終的には自分たちが得意とする子ども向けの商品をあつかうことに決めました。

最初に人気が出たのは、1989（平成元）年に発売した「アンパンマンシャンプー」でした。最初の年度で約100万個を売りあげるヒット商品となり、子ども用の衛生用品の市場にくわわることができました。その後、2002（平成14）年に発売した「びっくらたまご」のシリーズは、たまごの形をした入浴剤をお風呂に入れると、中からキャラクター商品が出てくるものでした。何が出てくるかわからないワクワク感と、お風呂のなかで親子いっしょに楽しめる新鮮さが受けて、これまでに累計6000万個以上を発売し（2015年3月現在）、バンダイの代表的な商品として認められるようになりました。

衛生用品からはじまった生活用品事業は、現在、ランチボックスや歯ブラシ、クッションなどの日用雑貨、スマートフォンのカバー、さらには大人の女性向けの化粧品にまで範囲が広がっています。

▼「びっくらたまご」シリーズ第1弾、「海のなかま」。

12 夢と感動を世界に向けて発信する

バンダイは、創業以来の経験をもとに、キャラクター商品を中心とした販売と生産の、海外への事業展開を進めている。

進化するキャラクターマーチャンダイジング

1971（昭和46）年に発売した「仮面ライダー変身ベルト」（→p13）以来、バンダイのキャラクターマーチャンダイジング（→p5）は進化をつづけてきました。

キャラクターマーチャンダイジングの流れは、①原作者、テレビ番組制作会社、出版社といった版権元*からキャラクターを商品化する権利を取得し、②商品開発をおこなって市場に投入し、同時に、③テレビ、映画、出版、ウェブサイトなどのメディアと連動して、キャラクターの魅力を多くの面でうったえていくというものです。この流れのなかでバンダイがもっとも尊重しているのは、キャラクターがつくりだす独自のイメージや世界を、ふさわしい方法で消費者につたえていくことです。そのために、消費者がキャラクターに対してもつ「夢」をいっそうはぐくみ、「感動」をとどけられるような、商品開発をめざしています。

*版権とは、図書などの原作者に属する著作権の旧称（もしくは通称）。版権元とは、版権を有する個人や組織のこと。

世界市場にチャレンジ

バンダイは創業まもない1951（昭和26）年から輸出を開始し、つねに世界を見すえた海外展開をおこなってきました。それは、キャラクターマーチャンダイジングというユニークなビジネス手法を世界じゅうに展開することにつながっています。近年では、企画開発、生産、人材育成をふくめたグローバル化に向けた取りくみによって、世界のバンダイへの飛躍をめざし、アジア、欧米各国で、市場の特性にあわせた展開を進めています。

● 世界に広がるバンダイのキャラクター商品

アジア市場向け商品／欧米市場向け商品

スペイン／イギリス／フランス／タイ／シンガポール／インドネシア／韓国／日本／中国（深圳）／中国（香港）／台湾／フィリピン／アメリカ／メキシコ

見学！ 日本の大企業 **バンダイ**

▲初代の「パワーレンジャー」のフィギュア。

欧米における展開

　欧米の市場では、「パワーレンジャー」や「ディズニーシリーズ」などを中心に、事業を展開しています。

　日本の「スーパー戦隊シリーズ」をもとにした「パワーレンジャー」のアメリカ版第1弾が1993（平成5）年に放映された後、バンダイの現地子会社バンダイアメリカが発売したキャラクター商品も、社会現象となるような大ブームをまきおこしました。それ以降「パワーレンジャー」はヨーロッパ、アジアへも人気が拡大し、バンダイの海外展開を後おしするものとなりました。2015（平成27）年には、その2年前に日本で放映されてヒットした「獣電戦隊キョウリュウジャー」を欧米向けにアレンジした、最新作の「パワーレンジャー」がアメリカ、カナダで放映され、それにあわせた商品展開をおこなっています。

　また、近年では2014（平成26）年に公開されたディズニー映画『Big Hero 6』（邦題：ベイマックス）の商品化をすみやかに進め、世界各国で販売するなど、バンダイはいっそうの市場拡大をめざして、キャラクター商品の展開に取りくんでいます。

アジア市場における展開

　キャラクターの好みに日本と共通性の多いアジアの国ぐにでは、日本の商品をそのまま現地で販売することや、同時期に展開をはじめることも可能です。こうした状況を背景に、近年、ホビー（模型）、コレクターズ、カードの3つの事業で、日本とアジアを一体化した展開を進めています。

　ホビー事業では、「ガンプラ」づくり世界一を決める「ガンプラビルダーズワールドカップ」を2011（平成23）年より開催しています。この大会は、アジア各国や、オーストラリア、アメリカなど、世界13の国と地域で予選大会をおこない、「ガンプラ」づくりの達人たちが日本に集まって、世界大会をおこなうものです。またコレクターズ事業でもカード事業でも、世界的に人気のキャラクター商品を世界で同時期に発売したり、現地で人気の高いキャラクターの権利を取得したりして、商品展開をおこなっています。

　また、海外へ日本のキャラクターや情報をいっそう普及させる目的で関連会社とともにたちあげたインターネットの「ガンダム」ウェブサイト「GUNDAM.INFO」は、英語のほかに、韓国語や3種類の中国語をふくむ計6か国語の翻訳版ももうけられており、アジアの展開に力をそそぐ姿勢がうかがえます。

▼「ガンプラビルダーズワールドカップ」2014（平成26）年度大会、表彰式のようす。

13 開発者たちの苦労と喜び

バンダイは、チャレンジ精神を重んじ、みずから手をあげた者に、どんどん仕事をまかせてくれる会社だ。開発者たちはそれにこたえて、失敗や挫折を経験しながら、人びとに感動をとどけられるような商品を開発している。

▲ iモード向けコンテンツ第１号の未来予想ゲーム「ドコでも遊ベガス」の最初の画面（左）と、キャラクターの待ち受けサービス「いつでもキャラっぱ！」の画面（右）。

はやすぎたゲーム機

1996（平成8）年3月にバンダイは、世界ではじめてインターネットに接続して遊ぶことができる家庭用ゲーム機「ピピンアットマーク」を発売しました。しかし、いまでこそパソコンやスマートフォンでインターネットからゲームアプリ[*1]をダウンロードして遊んだり、インターネットをつうじてほかの人と対戦型のゲームを楽しんだりすることなどがあたりまえになっていますが、当時はまだインターネットがどういうもので、どんな可能性があるのかほとんどの人がわかっていなかったといいます。そのためか、「ピピンアットマーク」は期待どおりには売れず、販売は終了しました。

[*1]「アプリ」とはアプリケーションの略語で、コンピューターで特定の目的を実現するためのソフトウェアのこと。

逆境をバネに

「ピピンアットマーク」の失敗により会社は大きな損失を出しましたが、インターネットへの将来性を感じ、それまでの経験が生きるサービスを生みだしていました。それが、NTTドコモの「iモード」[*2]に向けたサービスです。

1993（平成5）年には最初のコンテンツ[*3]「ドコでも遊ベガス」のサービスを開始し、それにつづいて「いつでもキャラっぱ！」を開発しました。とくに「いつでもキャラっぱ！」は、「携帯電話の待ち受け画面にキャラクターを表示できないか」とのひらめきから開発されたソフトで、発売されるとすぐに、ありふれた待ち受け画面に不満をもっていた携帯電話の利用者の心をとらえて、大ヒット。コンテンツの利用者は1年で100万人に達しました。

▲1996（平成8）年に発売された「ピピンアットマーク」の本体マシンとコントローラー。

※現在、ゲーム・ネットワーク事業は、グループ会社の「バンダイナムコエンターテインメント」が業務を担当している。

[*2] 携帯電話を利用したインターネット接続サービスのひとつ。電子メールの送受信やウェブサイトの閲覧、アプリケーションのダウンロードなどができる。

[*3] 放送やインターネットで提供されるテキスト（文字データ）・音声・動画などの情報の内容。

「たまごっち」の復活

1996（平成8）年11月に発売した「たまごっち」は、日本じゅうに大ブームをまきおこしました（→p21）。しかし、ブームはじょじょに下火になり、ちょうどそのころ普及しはじめた携帯電話が人びとの関心をあつめたこともあって、数年後には話題にならなくなっていました。

「たまごっち」を復活させたきっかけは、2003（平成15）年ごろに開発チームのメンバーが、小学生の女子のあいだで「たまごっち」がふたたび流行していると聞きつけたことでした。「時代がかわっても、ままごとのような、お世話遊びはすたれないはずだ」と確信した開発チームは、新「たまごっち」の製作に取りかかり、翌2004（平成16）年に「かえってきた！たまごっちプラス」を発売。これは、携帯電話などでつか

われはじめた赤外線通信の機能を搭載して、友だちどうしでデータを交換できるようにしたものです。それ以降、第2世代の「たまごっち」はさまざまな機能をくわえながら進化します。2009（平成21）年にテレビアニメがはじまったことも追い風になり、定番の人気商品となった「たまごっち」シリーズは、売上も、第1世代のときとほぼ同数の、全世界累計で4000万個を記録しました。

▶上から、2004（平成16）年発売の「かえってきた！たまごっちプラス」。赤外線通信機能でデータ交換ができるようになった。
2005（平成17）年発売の「超じんせーエンジョイ！たまごっちプラス」。「たまごっち」の進路が選べるほか、パソコンと連動して遊ぶことが可能になった。
2008（平成20）年発売の「たまごっちプラスカラー」。液晶画面がカラーになった。
2014（平成26）年に発売された「TAMAGOTCHI 4U」。通信機能がさらに進化し、別売のカバーで着せかえが可能になった。

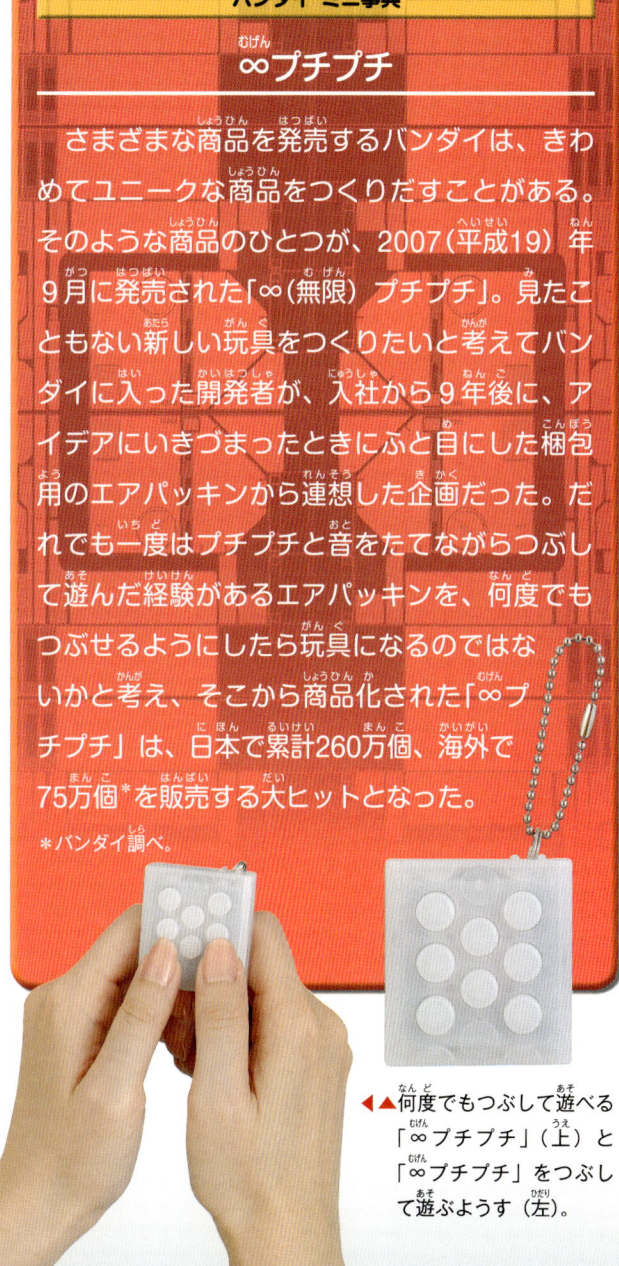

バンダイ ミニ事典

∞プチプチ

さまざまな商品を発売するバンダイは、きわめてユニークな商品をつくりだすことがある。そのような商品のひとつが、2007（平成19）年9月に発売された「∞（無限）プチプチ」。見たこともない新しい玩具をつくりたいと考えてバンダイに入った開発者が、入社から9年後に、アイデアにいきづまったときにふと目にした梱包用のエアパッキンから連想した企画だった。だれでも一度はプチプチと音をたてながらつぶして遊んだ経験があるエアパッキンを、何度でもつぶせるようにしたら玩具になるのではないかと考え、そこから商品化された「∞プチプチ」は、日本で累計260万個、海外で75万個*を販売する大ヒットとなった。

＊バンダイ調べ。

◀何度でもつぶして遊べる「∞プチプチ」（上）と「∞プチプチ」をつぶして遊ぶようす（左）。

14 子どもたちの笑顔のために

子どもたちが毎日手にし、ときには口に入れることもある玩具を製造するバンダイにとってCSR*（企業の社会的責任）とは、安全性の追求と、環境にやさしい製品づくりのこと。商品をつうじて社会に貢献するために大きな責任をはたしている。

*英語の"Corporate Social Responsibility"の頭文字。

安全性の追求

バンダイは、さまざまな分野の新商品を、年間7000点以上も発売しています。そのためには、子どもから大人まで、それぞれの年代の消費者にあった品質基準をもうけ、設計や素材を研究することが重要となります。商品の安全性や強度、耐久性などを確認するための検査基準は、約350項目あります。商品におうじてそのなかから必要な検査をおこないますが、たとえば「スーパー戦隊シリーズ」の合体ロボットでは、200項目以上のきびしい試験、検査、確認をおこなって、さまざまな角度から商品の品質を確認します。

●落下検査をおこなう
こわれやすい玩具は安全とはいえない。試作品を何度も落下させて、こわれないかどうか確かめる。

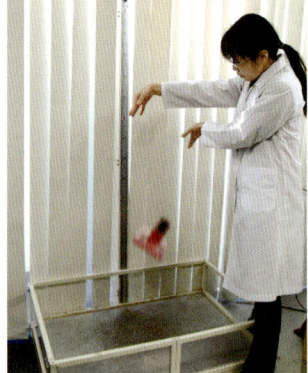
▲実際に玩具を落下させる、衝撃実験のようす。

●子どもモニター調査
子どもたちの手足の大きさや、全体的な体格、玩具をつかうときの力などを定期的に測定し、安全な玩具づくりの基本データにする。

▲子どもモニター調査のようす。

●くびにかけるひもの危険防止
子どもたちがくびからぶらさげてつかう玩具は、長さに配慮すると同時に、何かに引っかかってしまったときには、大きな力がくわわる前にはずれるようにしている。

◀▲ある程度の力をかけると、バックルがはずれるような構造になっている。

●材料の安全性検査
材料については、最新の検査機器をつかって、使用される素材の細かい成分までくわしく調べる。さらに、外部の検査機関からも証明書を取得する。

▲素材分析検査をおこなうようす。

見学！日本の大企業 バンダイ

● 海外での品質管理

バンダイの商品はほとんど海外の協力工場で生産されている。それぞれの現場では、品質検査やさまざまな安全性の確認など、品質保証活動を充実させている。

▲中国の工場での品質検査のようす。

● ユニバーサルデザイン*1

バンダイの商品が多くの人にとってつかいやすいものであるよう、ユニバーサルデザインの視点からつかいやすさの向上につながるくふうをかさねている。商品を取りだしやすいパッケージの形や、カラーユニバーサルデザインとして、色を見きわめる個人差にかかわらず文字を見やすくしたりするくふうなどをおこなっている。

*1 「ユニバーサル」は、「全体の」「普遍的な」という意味の英語。ユニバーサルデザインとは、年齢や身体に障がいのあるなしにかかわらず、多くの人がつかいやすいようにくふうされた用具などのデザイン。

▶ ユニバーサルデザインのひとつ。スイッチのON（入れる）、OFF（切る）をマークにかえ、さわるだけでもわかるようにした。

環境を守るために

バンダイは、次の時代をになう子どもたちのために、地球環境を守ることが企業としての社会的な責任と考えています。バンダイだからこそできる環境保全のためのさまざまな活動をおし進めると同時に、商品やサービスをつうじた社会貢献活動をおこなっています。

● むだをはぶくくふう

バンダイでは、資源を有効活用するために材料を見なおして、玩具をつくるときに資源を節約できるような取りくみを進めている。さらに、廃棄物をへらし、材料をリサイクルしやすいような設計も取りいれている。

▶ 大きなターミナルブロックワゴン。普段ならすててしまう玩具の入っている箱を、おかたづけ箱として利用できるようにくふうをした。

● バンダイおもちゃのeco*2学校

バンダイがおこなっている環境への取りくみを多くの子どもたちに知ってもらうため、社員が講師となり環境教室を開いている。おもに環境をテーマとしたイベントなどで、だれでも自由に参加できる公開授業をおこなったり、リクエストにこたえて小学校などで出張授業をおこなったりしている。

*2 英語の"ecology"の略語。自然環境を保護し、人間の生活との共存をめざすという考え方。

▲「バンダイおもちゃのeco学校」のようす（左）と、オリジナルの学習帳（右）。

● バンダイ エコ・くらぶ

「バンダイ エコ・くらぶ」は、バンダイのインターネットホームページ上のサイト。「かんきょうたいし くちぱっち」というかわいらしいキャラクターの案内で、「エコ活動ニュース」「バンダイのエコこんなエコ」などの項目を楽しみながら、バンダイが現在取りくんでいるエコロジー活動を理解することができる。

◀「バンダイ エコ・くらぶ」のサイトに登場するキャラクターの「かんきょうたいし くちぱっち」。

バンダイミュージアム

栃木県下都賀郡壬生町おもちゃのまちにある「バンダイミュージアム」(→p12)は、そこをおとずれる人びとに、企業スローガンでもある「楽しいときを創る」(→p4)きっかけを提供するために、バンダイが社会貢献のひとつとしてもうけた玩具の博物館です。約3万5000点のバンダイコレクションから、歴史的に貴重な日本の玩具や、世界各国の歴史的な品じな、またガンダムの実物大胸像などを展示しており、見て、体験する楽しさにあふれています。

● 「バンダイミュージアム」のフロア図と4つのミュージアム

● ジャパントイミュージアム
数百年前から現代まで、大人も子どもも夢中になって遊んできた日本の玩具、約2万点のなかからえらばれたものを展示。

▶1950年代（昭和30年前後）に、ロボットが登場する小説や映画が人気となったのを受けて、ロボットの玩具がたくさんつくられた。

● ホビーミュージアム
実物大ガンダムの胸像のほかに、ガンダム産みの親、富野由悠季氏の立体作品「ZAKUの夢」など、さまざまな作品を展示。

▲2010（平成22）年に制作された「ZAKUの夢」。高さは1.7mほど。

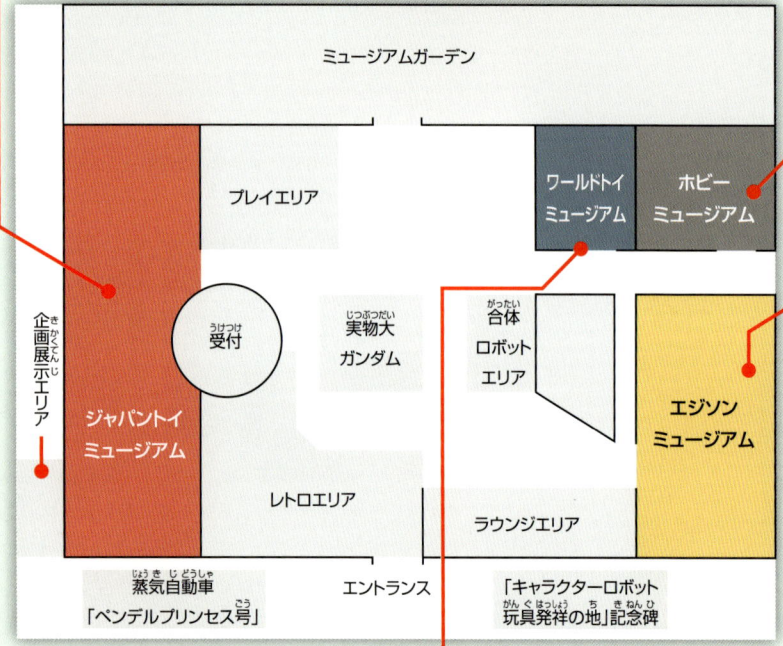

● エジソンミュージアム
世界でトップクラスの質をほこるエジソンの発明コレクションを展示。偉大な発明王エジソンの発明や考え方にふれることで、新しい発想の大切さなどを学ぶことができる。

▲世界ではじめて音を記録し、再生できる「蓄音機」は、1877（明治10）年にエジソンが発明した。写真は、1912～1915（大正元～4）年ごろに製造された「蓄音機」。録音されたエジソンの声を聞くことができる。

● ワールドトイミュージアム
「ロンドンおもちゃ博物館」より受けついだ、約7000点のコレクションからえらばれた、アンティーク*の玩具などを展示。世界の芸術的な価値のある玩具を見ることができる。

◀1916（大正5）年にタイ国王へ贈られた、キャデラック社特製のモーターカー。

*骨とう品や、そのようなふんいきがあるもの。

見学！日本の大企業 バンダイ 資料編

資料編①

玩具ができるまで

テレビで人気のヒーローが、玩具となって店頭にならぶまでのようすを、順をおって見てみましょう。

■烈車合体「DXトッキュウオー」をつくる

「トッキュウオー」は、2014（平成26）年2月から1年間テレビ放送された、スーパー戦隊シリーズ「烈車戦隊トッキュウジャー」に登場する合体ロボットで、5種類の列車が合体して戦闘ロボットになります。「DXトッキュウオー」は、企画から製品の出荷までに約1700人の人員がかかわり、17個の金型（→p8）が利用されて、部品総数490個のキット*がつくられました。

▲バンダイの「DXトッキュウオー」は、合体したときの全長約27cm。

1 企画

日本国内でおこなわれる最初の作業で、テレビ番組のなかに登場する合体ロボットの設定を確認しながら、楽しく遊べるしかけや動きなどのアイデアを出します。また、これまでのロボットになかった新しいしくみを取りいれたり、人気のあったロボットのよい点を参考にしたりして、小さな子どもでも安全に楽しめる遊び方を考えます。

▲企画会議では、ロボットのデザイン画をかいて、合体したときの手や足の動きや変形のしかたなども細かく決める。

*模型などを組みたてる材料一式。

33

資料編① 玩具ができるまで

2 製品設計

デザイン画をもとに、コンピューターをつかって立体の設計データをつくります。全体を細かな部品にわけて、それぞれの部品の色や形、素材、組みたてる順序などを考えながら設計します。そのデータをもとに試作品をつくり、「イメージどおりに遊べるか？」など、何回もチェックします。ここまでが日本国内での作業です。

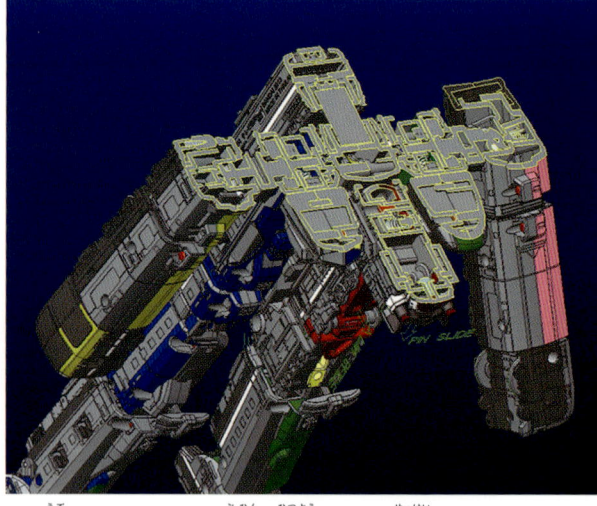

▶▲動かすためにどんな部品が必要になるか設計する。

3 金型製作

ここから先はタイ工場での作業です。ロボットの設計データをもとにして、プラスチックの部品の金型を製作します。コンピューターをつかって、部品の形を正しく配置していき、設計図にしたがって金属加工機を動かし、金属のかたまりをほって金型をつくります。

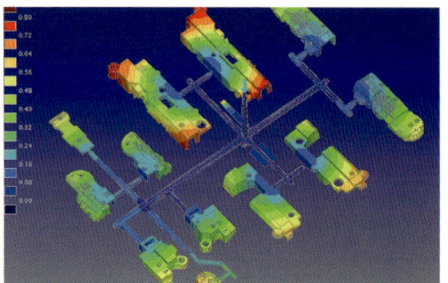

▶コンピューター上の、金型の設計画面。とかしたプラスチックの流れ方を考えて、部品を配置する。

▶いくつかの小さな金属パーツを組みあわせて、ひとつの金型としてつかう（上）。
細かい部分は、手作業でしあげる（下）。

4 部品の成形

金型をプラスチック成形機に取りつけて、そのなかにとかしたプラスチックを流しこんで部品をつくります。何台もの成形機でたくさんの部品をつくり、プラモデルの部品のように、つながった状態で成形機から出てきた部品を切りはなします。

▲成形機に金型を取りつけ、細かな調整をしながらプラスチックを流しこむ。

◀形を確かめ、細かい素材のクズを取りのぞき、切りはなして種類ごとにわける。

見学！ 日本の大企業 バンダイ 資料編

5 塗装

色をぬる必要がある部品には、塗料をふきつけて着色します。小さな部品に一つひとつていねいに色をつけていきます。塗料のふきつけ作業は、部品の大きさや形によってふきつけ機をつかいわけて、ほとんど人の手でおこなっています。さらに、立体的な曲面にもようをつけることができる印刷機をつかって、細かい文字やマークなどをつけます。

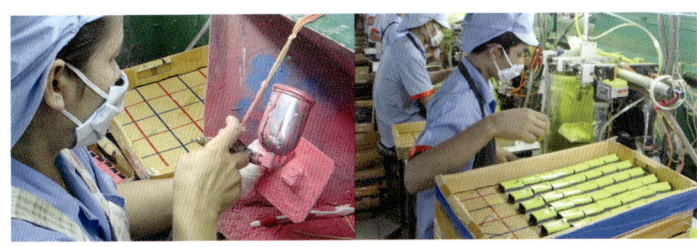

▲何十万個もの細かい部品に色をつける。きれいにしあげるには、すばやい手さばきが必要。

6 組みたて

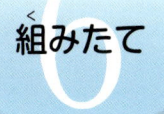

工場の社員が、ロボットの腕、足、胴体などの部品ごとに、作業を分担して組みたてていきます。しっかりと連結させる部分はビス（ねじ）を打ちますが、「DXトッキュウオー」の場合は146か所のビス打ちをするため、熟練したスタッフが手ばやく正確に作業を進めます。

▲細かい部品を正確に組みたてる。

▲組みたて作業のあいまにも、パーツの大きさや形が正しくできているか検査する。

7 箱づめ

組みたてられたロボットは、必要なパーツや取扱説明書などといっしょに箱づめされます。工場から店頭につくまで、きずがついたりこわれたりしないように、パーツをしっかりと包装してから、表面に商品が印刷された箱につめます。ここで、できた商品の中から一部をぬき取って、専用の検査器で不良品がないか検査します。

▲パーツにきずがつかないよう、ていねいに包装し、取扱説明書などを入れる。

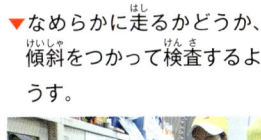

▼なめらかに走るかどうか、傾斜をつかって検査するようす。

8 出荷

段ボール箱に入れ、大型コンテナ*に積みこみます。タイの工場から港へ運び、そこから船で輸送します。日本に着いたら、トラックで全国のおもちゃ屋さんなどに出荷します。

*貨物輸送にもちいられる、おもに直方体の大型容器。

▲商品の入った段ボールをコンテナ車へ積みこむ。

約10日間の船旅

▲タイから日本へ輸送。

おもちゃ屋さんなどの店頭にならび発売！

資料編❷

バンダイホビーセンターを見てみよう!

「ガンプラ」の生産拠点、バンダイホビーセンターで、
バンダイがほこるプラモデルづくりの技術を見てみましょう。

▲プラモデル技術の結晶、「ガンプラ」。

■すべての「ガンプラ」が生まれる

静岡県静岡市にあるバンダイホビーセンターは、1980（昭和55）年発売の「1/144ガンダム」(→p16)からこれまで、4億4500万個以上の「ガンプラ」を世の中に送りだしてきました（2015年3月現在）。プラモデルづくりにほこりとこだわりをもつスタッフたちは、熟練のわざを集結させ、プラモデルの楽しさとおもしろさを進化させたい、という情熱をもってはたらいています。

■設計のわざ

バンダイのプラモデルは、ほとんどの製品が接着や塗装なしでつくることができます。複雑で精密でも楽しんで組みたてられるように、設計の段階から組みたてる順番を考えて部品の種類や数を決め、素材や形をくふうしています。

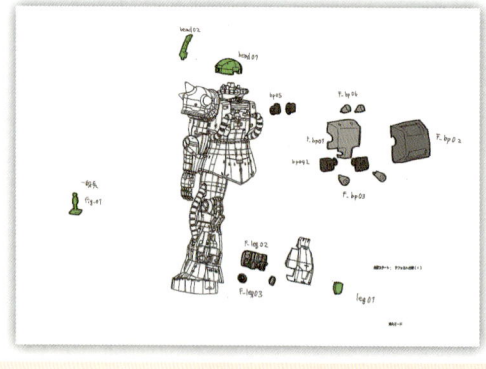

◀▲最初にえがかれる手書きのイメージ（左）をコンピューターに取りこんで、CADというプログラムをつかって設計する（右）。

●こだわりポイント

コンピューターで設計したデータから正確な試作品をつくることができる立体造形機、3Dプリンターのおかげで、新しいアイデアを形にし、じっさいに確かめることができる。

▲立体造形機によって複雑な立体物をつくるようす（左）と、プラモデルと同様に組みたてることができる立体物（右）。

◀立体造形機の本体。紫外線をあてるとかたまる特殊な樹脂をつかって、立体のデータから立体物をつくる。

▶バンダイホビーセンター。

見学！日本の大企業　バンダイ 資料編

■金型のわざ

コンピューターで設計した後に金型をつくります。金属のかたまりから機械でほりだした後、細かなところは、熟練のわざをもったスタッフが、目で見て確かめながらみがきあげていきます。

▲拡大鏡をつかって、非常に細かな部分までみがきあげる。

●こだわりポイント

ここでは、より細かい部品をつくるために、レーザー光線をつかって金属をほる、レーザー加工機もつかわれている。

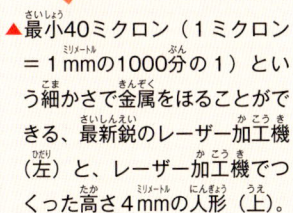

◀▲最小40ミクロン（1ミクロン＝1mmの1000分の1）という細かさで金属をほることができる、最新鋭のレーザー加工機（左）と、レーザー加工機でつくった高さ4mmの人形（上）。

■成形のわざ

バンダイホビーセンターには、ひとつの金型に4色（4種類）のプラスチックを流しこむことができる、特別な多色成形機が17台あります。成形機と金型の機能を最大限に引きだすために、熟練のスタッフが経験と感覚にもとづいて、きめ細かな設定を機械にほどこし、正確にランナー*をつくります。

＊わくにつながった状態の部品のこと。切りはなしてプラモデルを組みたてることができる。

▶1台で1日に約4000枚のランナーをつくることができる。

●こだわりポイント

プラモデルのランナーは、バンダイがもつ特別な技術で、4色まで色わけしてつくることができる。色をかえるだけでなく、種類のちがう素材を組みあわせることもできる。これによって、プラモデルづくりの楽しさがますのだ。

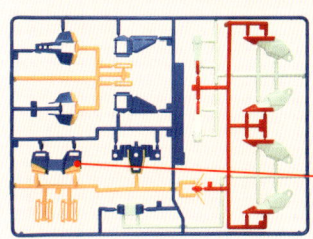
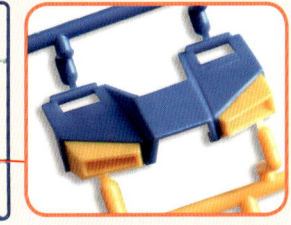

▲4色のプラスチックでできたランナー（左）と、2色のプラスチックが組みあわさってひとつの部品ができあがっているようす（右）。

●施設のこだわり

バンダイホビーセンターには、施設のあちこちに、こだわりのある楽しい演出がほどこされている。

◀工場内で完成品などを運ぶ自動搬送機は、「機動戦士ガンダム」に登場する「ザク」「シャアザク」を意識した、赤と緑のカラーリング。

▲立ち入り禁止区域へつうじるドアは、宇宙船の内部のよう。

さくいん

ア

アイカツ！	23, 25
赤函BC・保証玩具	7
アパレル	5, 24, 25
アンパンマンキッズコレクション	25
アンパンマンシャンプー	25
いつでもキャラっぱ！	28
ウルトラマン	13
F80	8
おジャ魔女どれみ	20
オトナ女子	19
おもちゃのまち	12, 32

カ

カードダス	22, 23
ガールズトイ	5, 13, 20
ガシャポン	18, 19, 22
ガシャポンカン	19
合体ロボット	15, 30, 33
金型	8, 33, 34, 37
カプセル自販機	18, 19
仮面ライダー	5, 13, 23, 24
仮面ライダー変身ベルト	5, 13, 14, 26
ガンプラ	4, 16, 17, 27, 36
ガンプラビルダーズワールドカップ	27
機動戦士ガンダム	16, 25
ギミック	14
キャラクター	5, 11, 18, 19, 20, 21, 22, 23, 24, 25, 26, 27, 28, 31
キャラクター商品	5, 11, 12, 13, 14, 19, 20, 21, 25, 26, 27
キャラクターマーチャンダイジング	5, 26
キャンディ♡キャンディ	20
キンケシ	18, 19
キン肉マン	18
クレイジーフォーム	11
携帯型育成ゲーム	21
コレクターズ	15, 27

サ

ジャンボマシンダー（・マジンガーZ）	14, 15
獣電戦隊キョウリュウジャー	27
食玩	22, 24
水中モーター	11
スーパー戦隊シリーズ	5, 19, 24, 27, 30, 33
STRICT-G	25
スナップフィット式	16
セルロイド（玩具）	7, 8
1956年型トヨペットクラウン	9
それいけ！アンパンマン	25

タ

たまごっち	5, 21, 29
超合金 コン・バトラーV	15
超合金魂 マジンガーZ	15
超合金マジンガーZ	14, 15
超合金（ロボット）	14, 15
ディズニー	27
データカードダス	23
鉄腕アトム	11
DXトッキュウオー	33, 35
ドコでも遊ベガス	28
ドラゴンボール	22, 23
トレーディングカード	22

ナ

NEXTPETS！ ･･････････････････････････････ 25
ネットカードダス ･･･････････････････････････ 23

ハ

パワーレンジャー ･･････････････････････ 5, 27
ばんざいマーク ･･･････････････････････････ 7
バンダイアメリカ ･･･････････････････････････ 27
バンダイ エコ・くらぶ ･･････････････････････ 31
バンダイおもちゃのeco学校 ･････････････････ 31
バンダイ カンパニー ･･･････････････････ 7, 9
萬代不易 ･･････････････････････････････ 6
バンダイベビー ･････････････････････････ 7
バンダイホビーセンター ･･････････････ 17, 36, 37
バンダイミュージアム ･････････････････････ 32
萬代屋 ･･･････････････････････ 6, 7, 8, 9, 10
萬代屋ビーシーニュース ･･････････････････ 9
ハンドルリモコン自動車 ･･････････････････ 10
B26 ･･･････････････････････････････････ 8
ビーシー工業 ･･････････････････････････ 12
BCマーク ･･････････････････････････････ 7
美少女戦士セーラームーン ･･･････････ 5, 19, 20, 21
びっくらたまご ･･････････････････････････ 25
ピピンアットマーク ･･････････････････････ 28
品質保証制度 ･･････････････････････････ 8, 9
フィギュア ･･･････････････････････ 14, 15, 20, 21
プラスチック ･･････････････････････ 11, 34, 37
プラモデル ･･･････････････････ 16, 17, 34, 36, 37
プリキュア ･･･････････････････････ 20, 21, 23, 24
フリクション動力 ･･･････････････････････ 8
変形・合体 ･････････････････････････････ 15
ボーイズトイ ･･････････････････････ 5, 13, 20
保証玩具 ･･････････････････････････････ 9

ポピー ･･････････････････････ 13, 14, 15, 20
ポンポンマミー ･････････････････････････ 11

マ

∞プチプチ ･････････････････････････････ 29
モデルカーレーシングセット ･････････････ 11
モビルスーツ ･･････････････････････････ 16

ヤ

山科（直治） ･･････････････････････ 6, 7, 8, 9
勇者ライディーン ･･････････････････････ 15
夢・クリエイション ･････････････････････ 4, 7

ラ

リズムボール ･････････････････････････ 7, 9
立体造形機（3Dプリンター） ････････････ 36
烈車戦隊トッキュウジャー ･･････････ 19, 33

ワ

わんぱくフリッパー ･････････････････････ 11

■ 編さん／こどもくらぶ

「こどもくらぶ」は、あそび・教育・福祉の分野で、こどもに関する書籍を企画・編集しているエヌ・アンド・エス企画編集室の愛称。図書館用書籍として、以下をはじめ、毎年5〜10シリーズを企画・編集・DTP製作している。

『家族ってなんだろう』『きみの味方だ！ 子どもの権利条約』『できるぞ！ NGO活動』『スポーツなんでも事典』『世界地図から学ぼう国際理解』『シリーズ格差を考える』『こども天文検定』『世界にはばたく日本力』『人びとをまもるのりもののしくみ』『世界をかえたインターネットの会社』（いずれもほるぷ出版）など多数。

■ 写真協力（敬称略）
株式会社バンダイ、ROBOTROBOT

© 創通・サンライズ ©1999 BANDAI・WiZ ©2015 テレビ朝日・東映AG・東映 ©2014 石森プロ・テレビ朝日・ADK・東映 ©ABC・東映アニメーション ©TRYWORKS ©BANDAI ©藤子プロ・小学館・テレビ朝日・シンエイ・ADK ©BANDAI 2014 ©やなせたかし／フレーベル館・TMS・NTV ©武内直子・PNP・東映アニメーション ©車田正美／「聖闘士星矢 黄金魂」製作委員会 ©バードスタジオ／集英社・フジテレビ・東映アニメーション ©BNP/BANDAI, NAS, TV TOKYO ©BNP/BANDAI, DENTSU, TV TOKYO ©Tezuka Productions ©円谷プロ ©石森プロ・東映 ©ダイナミック企画 ©東北新社 ©東映 ©ダイナミック企画・東映アニメーション ©ゆでたまご・東映アニメーション ©2014 テレビ朝日・東映AG・東映 ©PANINI S.p.A. All Rights Reserved. The Trading Card Game is developed by PANINI and the online game is developed for PANINI by BANDAI. ©L5/YWP・TX ©2014 SCG Power Rangers LLC. © 2015 Microsoft BATMAN: TM & © DC Comics. (s15) ©Disney ©1993 SABAN INT. ©2011 石森プロ・テレビ朝日・ADK・東映 ©1976, 2015 SANRIO CO., LTD. APPROVAL NO.S562612 ©BANDAI2007　JR東日本商品化許諾済　日野自動車株式会社商品化許諾済

「プリモプエル」「たまごっち」「TAMAGOTCHI」「変身ベルト」「超合金」「HG（ハイグレード）」「MG（マスターグレード）」「RG（リアルグレード）」「BB戦士」「スーパーデフォルメ」「キンケシ」「ガシャポン」「ガシャポンカン」「カードダス」「データカードダス」「ネットカードダス」「変身」「NEXTPETS!」「STRICT-G」「びっくらたまご」は、株式会社バンダイの商標または登録商標です。

この本の情報は、2015年8月までに調べたものです。
今後変更になる可能性がありますので、ご了承ください。

■ 企画・制作・デザイン
株式会社エヌ・アンド・エス企画
吉澤光夫

見学！ 日本の大企業　バンダイ

初 版	第1刷	2015年11月25日
	第2刷	2019年2月5日
編さん	こどもくらぶ	
発 行	株式会社ほるぷ出版	
	〒101-0051 東京都千代田区神田神保町3-2-6	
	電話 03-6261-6691	印刷所　共同印刷株式会社
発行人	中村宏平	製本所　株式会社ハッコー製本

NDC608　275×210mm　40P　ISBN978-4-593-58724-7　Printed in Japan

落丁・乱丁本は、購入書店名を明記の上、小社営業部宛にお送りください。送料小社負担にて、お取り替えいたします。